안 쌤의 줄 초등

소마큐브

퍼즐

Contents

Unit 01

규칙성

쌓기나무 쌓기 ———— 4

01 쌓은 모양에서 위치 02 쌓기나무 찾기
03 쌓은 모양 찾기 04 다른 모양 찾기

Unit 02

규칙성

소마큐브 만들기 ———— 14

01 만들 수 있는 모양 02 소마큐브 살펴보기
03 쌓은 모양 설명하기 04 소마큐브 만들기

Unit 03

도형

위, 앞, 옆에서 본 모양 ———— 24

01 여러 방향에서 본 모양 02 모양 그리기 ①
03 모양 그리기 ② 04 모양 그리기 ③

Unit 04

문제 해결

평면 모양 ———— 34

01 모양 만들기 ① 02 모양 만들기 ②
03 모양 만들기 ③ 04 모양 만들기 ④

Unit 05

입체 모양 ① ·········· 44

문제 해결

01 모양 만들기 ①   02 모양 만들기 ②

03 모양 만들기 ③   04 모양 만들기 ④

Unit 06

층별로 나타낸 모양 ·········· 54

도형

01 층별로 나타낸 모양 ①   02 층별로 나타낸 모양 ②

03 층별로 나타낸 모양 ③   04 층별로 나타낸 모양 ④

Unit 07

입체 모양 ② ·········· 64

문제 해결

01 모양 만들기 ①   02 모양 만들기 ②

03 모양 만들기 ③   04 모양 만들기 ④

Unit 08

직육면체와 정육면체 ·········· 74

도형

01 쌓기나무의 모양   02 직육면체 만들기

03 정육면체 만들기   04 층별로 나타낸 모양

쌍기나무 쌍기

| 규칙성 |

쌓기나무를 쌓은 모양에 대해 알아봐요!

Unit 01
01 **쌓은 모양에서 위치**

Unit 01
02 **쌓기나무 찾기**

Unit 01
03 **쌓은 모양 찾기**

Unit 01
04 **다른 모양 찾기**

01 쌓은 모양에서 위치 | 규칙성 |

쌓기나무를 쌓은 모양을 보고, 설명한 쌓기나무를 찾아 ○표 해 보세요.

◉ 빨간색 쌓기나무의 왼쪽에 있는 쌓기나무

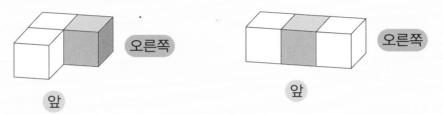

◉ 노란색 쌓기나무의 위에 있는 쌓기나무

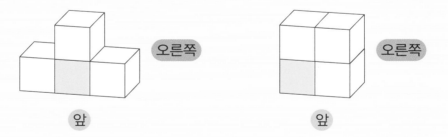

◉ 파란색 쌓기나무의 뒤에 있는 쌓기나무

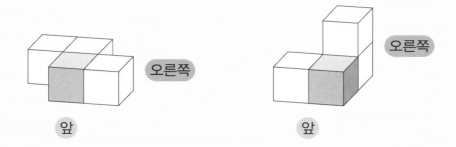

쌓기나무로 쌓은 모양에서 위치를 알아보기 위해서는 먼저 방향을 약속해야 해요. 여러분이 있는 쪽이 앞, 오른손이 있는 쪽이 오른쪽이에요.

다음 <설명>에 맞게 쌓기나무로 쌓은 모양에 알맞은 색을 칠해 보세요.

설명
① 노란색 쌓기나무 오른쪽에는 빨간색 쌓기나무가 있다.
② 파란색 쌓기나무 뒤에는 노란색 쌓기나무가 있다.

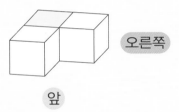

오른쪽

앞

설명
① 빨간색 쌓기나무 왼쪽에는 초록색 쌓기나무가 있다.
② 노란색 쌓기나무 뒤에는 초록색 쌓기나무가 있다.
③ 빨간색 쌓기나무 오른쪽에는 파란색 쌓기나무가 있다.

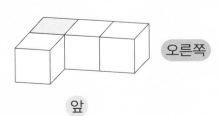

오른쪽

앞

02 쌓기나무 찾기 | 규칙성 |

서윤이와 친구들이 한 명씩 돌아가면서 쌓기나무를 쌓았습니다. 다음 <설명>을 읽고, 서윤이가 쌓은 쌓기나무를 찾아보세요.

설명

① 서윤이가 쌓은 쌓기나무는 노란색 쌓기나무의 옆에 있습니다.

② 서윤이가 쌓은 쌓기나무는 초록색 쌓기나무의 뒤에 있습니다.

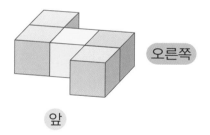

오른쪽

앞

→ 노란색 쌓기나무 옆에는 ☐ 색 쌓기나무와 ☐ 색 쌓기나무

가 각각 ☐ 개씩 있습니다. 이 중에서 초록색 쌓기나무 뒤에 있는 것

은 ☐ 색 쌓기나무입니다.

서현이와 친구들이 한 명씩 돌아가면서 쌓기나무를 쌓았습니다. 다음 <설명>을 읽고, 서현이와 친구들이 쌓은 쌓기나무를 찾아보세요.

Unit
01

설명

① 서현이가 가장 먼저 쌓기나무 1개를 놓았습니다.

② 예빈이는 서현이가 놓은 쌓기나무의 오른쪽에 쌓기나무 1개를 놓았습니다.

③ 예일이는 예빈이가 놓은 쌓기나무의 앞에 쌓기나무 1개를 놓았습니다.

④ 아현이는 예빈이가 놓은 쌓기나무의 오른쪽에 쌓기나무 1개를 놓았습니다.

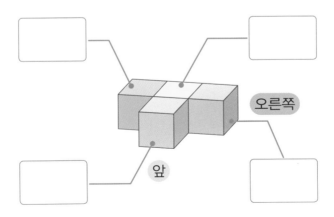

쌓은 모양 찾기 | 규칙성 |

다음 <설명>에 맞게 쌓기나무로 쌓은 모양을 찾아 ○표 해 보세요.

설명	① 파란색 쌓기나무 1개를 놓습니다.
	② 파란색 쌓기나무 앞에 노란색 쌓기나무 1개를 놓습니다.
	③ 노란색 쌓기나무 위에 초록색 쌓기나무 1개를 놓습니다.
	④ 빨간색 쌓기나무 1개를 노란색 쌓기나무 앞에 놓습니다.

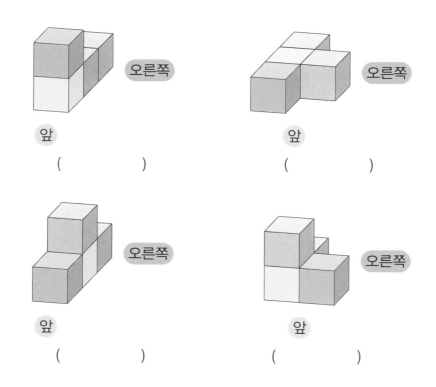

오른쪽

앞

(   )

오른쪽

앞

(   )

오른쪽

앞

(   )

오른쪽

앞

(   )

다음 <설명>에 맞게 쌓기나무로 쌓은 모양을 찾아 ○표 해 보세요.

설명

① 빨간색 쌓기나무 1개를 놓습니다.

② 빨간색 쌓기나무 오른쪽에 노란색 쌓기나무 1개를 놓습니다.

③ 빨간색 쌓기나무 앞에 파란색 쌓기나무 1개를 놓습니다.

④ 빨간색 쌓기나무 위에 초록색 쌓기나무 1개를 놓습니다.

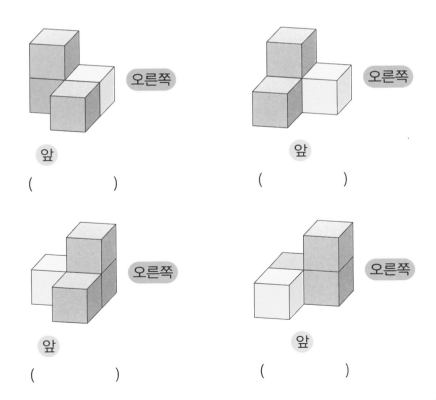

오른쪽

앞

(   )

오른쪽

앞

(   )

오른쪽

앞

(   )

오른쪽

앞

(   )

다른 모양 찾기 | 규칙성 |

쌓기나무를 다음과 같은 모양으로 쌓았습니다. 쌓은 모양을 살펴보고, 물음에 답하세요.

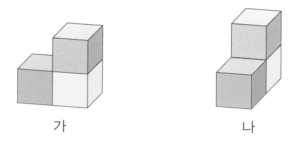

가   나

◉ '가'와 '나'에서 서로 공통된 모양을 찾아보세요.

◉ 위에서 찾은 서로 공통된 모양을 기준으로 다른 점을 찾아보세요.

안쌤 Tip

서로 공통된 모양을 먼저 찾고, 공통된 모양을
기준으로 다른 점을 찾아요.

빨간색 쌓기나무 1개와 노란색 쌓기나무 3개로 다음과 같은 모양을 쌓
은 후 서로 맞닿는 면을 붙여서 떨어지지 않게 했습니다. 이것을 돌리
거나 뒤집었을 때 나올 수 없는 모양을 찾아 ○표 해 보세요.

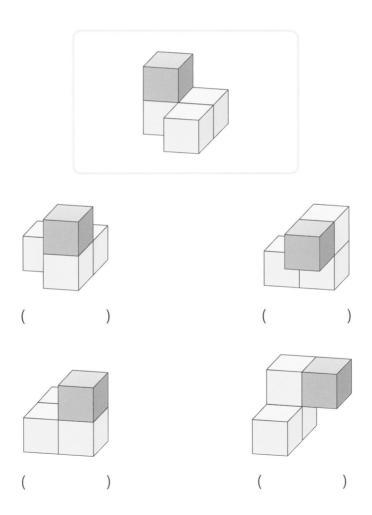

(   )   (   )

(   )   (   )

소마큐브 만들기

| 규칙성 |

쌓기나무를 쌓아 **소마큐브**를 만들어 봐요!

Unit 02
01 **만들 수 있는 모양**

Unit 02
02 **소마큐브 살펴보기**

Unit 02
03 **쌓은 모양 설명하기**

Unit 02
04 **소마큐브 만들기**

만들 수 있는 모양 | 규칙성 |

쌓기나무 3개를 쌓아 만들 수 있는 모양을 그려 보세요.

(단, 뒤집거나 돌렸을 때 같은 모양은 한 가지 모양으로 봅니다.)

쌓기나무 4개를 쌓아 만들 수 있는 모양을 모두 그려 보세요.

(단, 뒤집거나 돌렸을 때 같은 모양은 한 가지 모양으로 봅니다.)

정답 » 88쪽

소마큐브 살펴보기 | 규칙성 |

쌓기나무를 다음과 같이 2층 모양으로 쌓은 후 서로 맞닿는 면을 이어 붙여 7개의 소마큐브 조각을 만들었습니다. 각 조각의 모양을 살펴보고, 물음에 답하세요.

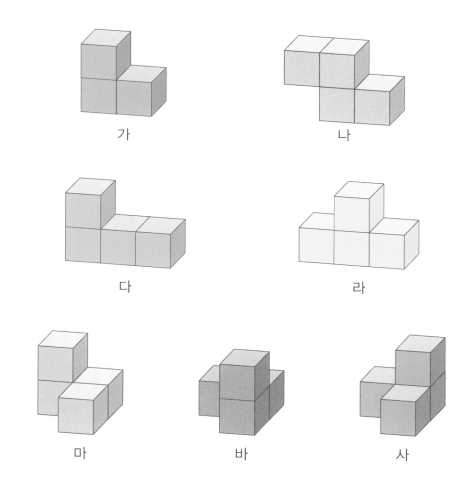

가

나

다

라

마

바

사

소마큐브란 쌓기나무 3개 또는 4개를 서로 맞닿는 면을 이어붙여 만든 것으로, 7가지 조각으로 구성된 3차원 입체퍼즐이에요.

◉ 각 조각을 이루는 쌓기나무의 개수에 따라 분류해 보세요.

개	개

◉ 돌리거나 뒤집었을 때 1층 모양으로 만들 수 있는 조각을 모두 찾아보세요.

◉ 돌리거나 뒤집어도 항상 2층 모양인 조각을 모두 찾아보세요.

◉ 돌리거나 뒤집었을 때 3층 모양을 만들 수 있는 조각을 모두 찾아보세요.

정답 ≫ 88쪽

쌓은 모양 설명하기 | 규칙성 |

소마큐브 조각을 보고 쌓기나무로 쌓은 모양을 바르게 설명해 보세요.

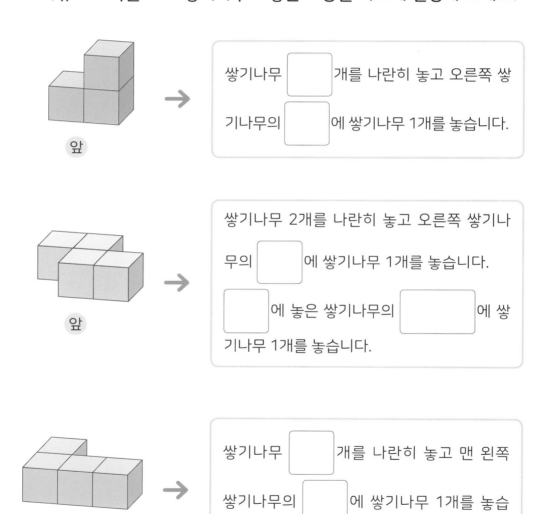

쌓기나무 ☐ 개를 나란히 놓고 오른쪽 쌓기나무의 ☐ 에 쌓기나무 1개를 놓습니다.

쌓기나무 2개를 나란히 놓고 오른쪽 쌓기나무의 ☐ 에 쌓기나무 1개를 놓습니다.
☐ 에 놓은 쌓기나무의 ☐ 에 쌓기나무 1개를 놓습니다.

쌓기나무 ☐ 개를 나란히 놓고 맨 왼쪽 쌓기나무의 ☐ 에 쌓기나무 1개를 놓습니다.

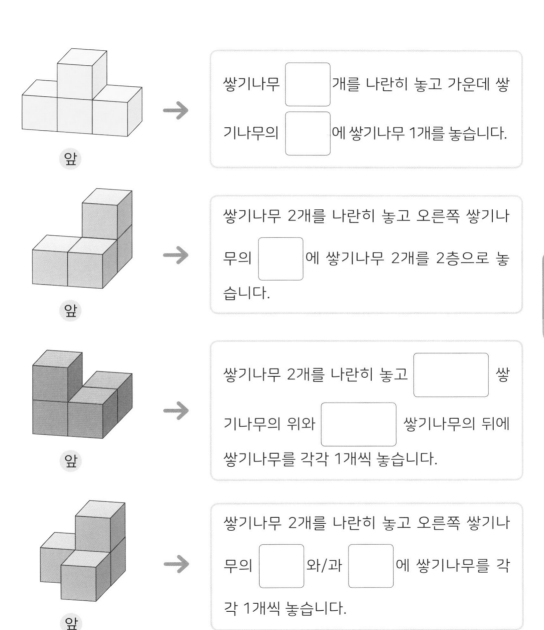

앞 → 쌓기나무 ☐ 개를 나란히 놓고 가운데 쌓기나무의 ☐ 에 쌓기나무 1개를 놓습니다.

앞 → 쌓기나무 2개를 나란히 놓고 오른쪽 쌓기나무의 ☐ 에 쌓기나무 2개를 2층으로 놓습니다.

앞 → 쌓기나무 2개를 나란히 놓고 ☐ 쌓기나무의 위와 ☐ 쌓기나무의 뒤에 쌓기나무를 각각 1개씩 놓습니다.

앞 → 쌓기나무 2개를 나란히 놓고 오른쪽 쌓기나무의 ☐ 와/과 ☐ 에 쌓기나무를 각각 1개씩 놓습니다.

04 소마큐브 만들기 | 규칙성 |

왼쪽 소마큐브 조각에 쌓기나무 1개를 붙여서 오른쪽 소마큐브 조각을 만들었습니다. 쌓기나무 1개를 붙인 곳을 찾아보세요.

- ◉ 왼쪽 소마큐브 조각을 돌리거나 뒤집어 쌓기나무 [ ]개가 오른쪽 소마큐브 조각과 공통된 모양이 되도록 합니다.

- ◉ 두 소마큐브 조각의 ①이 서로 같은 위치라고 할 때 ㉠~㉢ 중에서 ②, ③과 같은 쌓기나무를 각각 찾습니다.

  · ②와 같은 것은 [ ]입니다.

  · ③과 같은 것은 [ ]입니다.

→ [ ]의 (왼쪽 , 오른쪽 , 위 , 아래 , 앞)에 쌓기나무 1개를 붙입니다.

왼쪽 소마큐브 조각에 쌓기나무 1개를 붙여서 오른쪽 소마큐브 조각을 만들려고 합니다. 두 소마큐브 조각의 서로 같은 위치에 있는 쌓기나무에 같은 번호를 써넣고, 쌓기나무 1개를 붙여야 하는 곳을 찾아보세요.

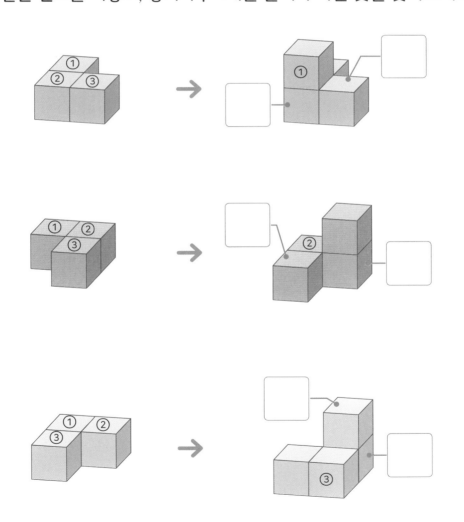

Unit 03

위, 앞, 옆에서 본 모양

| 도형 |

소마큐브 조각을 **위**, **앞**, **옆**에서 본 모양을 알아봐요!

Unit 03
01 **여러 방향에서 본 모양**

Unit 03
02 **모양 그리기 ①**

Unit 03
03 **모양 그리기 ②**

Unit 03
04 **모양 그리기 ③**

여러 방향에서 본 모양 | 도형 |

소마큐브 조각을 어느 방향에서 본 모양인지 ○표 해 보세요.

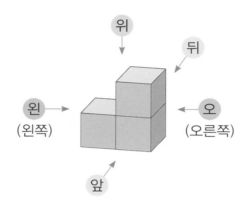

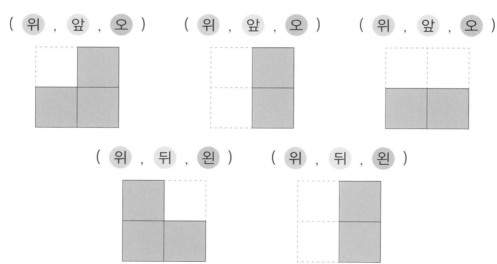

(위 , 앞 , 오)

(위 , 앞 , 오)

(위 , 앞 , 오)

(위 , 뒤 , 왼)

(위 , 뒤 , 왼)

? 다섯 방향에서 본 모양을 모두 알아야만 소마큐브 조각의 모양을 알 수 있나요? 그 이유를 말해 보세요.

다음은 26쪽의 소마큐브 조각을 다른 방향으로 놓고, 위에서 본 모양을 그린 것입니다. 이 소마큐브 조각을 앞과 옆에서 본 모양을 각각 그려 보세요.

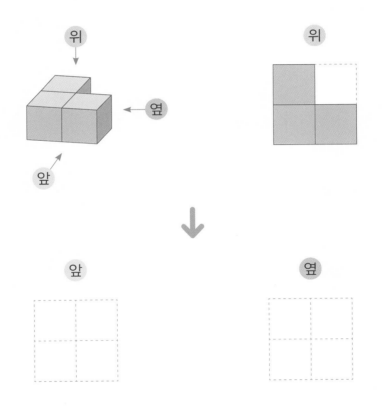

위

옆

앞

↓

앞

옆

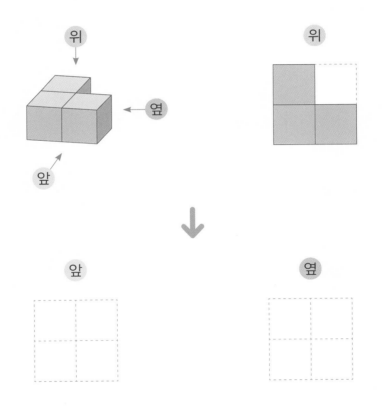

? 26쪽의 소마큐브 조각을 위, 앞, 오른쪽 옆에서 본 모양과 위의 소마큐브 조각을 위, 앞, 옆에서 본 모양을 서로 비교해 보고 알 수 있는 점을 말해 보세요.

모양 그리기 ① | 도형 |

소마큐브 조각을 위에서 본 모양에 각 줄에 있는 쌓기나무의 개수를 써 넣었습니다. 이와 같은 방법으로 소마큐브 조각을 앞과 옆에서 본 모양을 각각 그려 보고, 각 줄에 있는 쌓기나무의 개수를 써넣어 보세요.

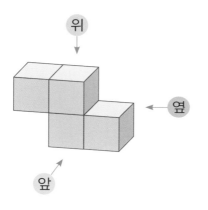

위

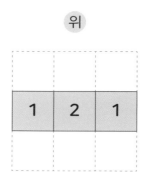

앞

옆

소마큐브 조각을 위, 앞, 옆에서 본 모양을 각각 그려 보고, 각 줄에 있는 쌓기나무의 개수를 써넣어 보세요.

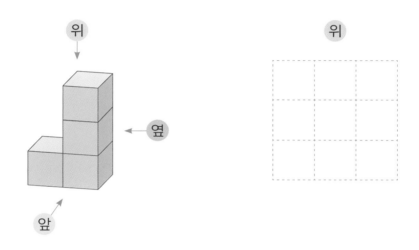

위

앞

옆

Unit
03

03 모양 그리기 ② | 도형 |

소마큐브 조각을 위, 앞, 옆에서 본 모양을 각각 그려 보고, 각 줄에 있는 쌓기나무의 개수를 써넣어 보세요.

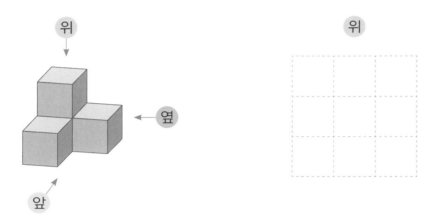

위

소마큐브 조각을 위, 앞, 옆에서 본 모양을 각각 그려 보고, 각 줄에 있는 쌓기나무의 개수를 써넣어 보세요.

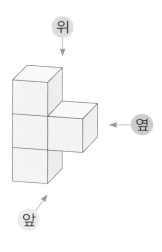

위

위

앞

앞

옆

옆

모양 그리기 ③ | 도형 |

소마큐브 조각을 위, 앞, 옆에서 본 모양을 각각 그려 보고, 각 줄에 있는 쌓기나무의 개수를 써넣어 보세요.

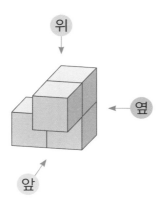

위

위

앞

옆

소마큐브 조각을 위, 앞, 옆에서 본 모양을 각각 그려 보고, 각 줄에 있는 쌓기나무의 개수를 써넣어 보세요.

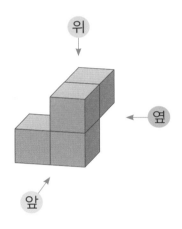

위

앞

옆

정답 》 91쪽

Unit

04

평면 모양

| 문제 해결 |

소마큐브 조각으로 **알맞은 모양**을 만들어 봐요!

Unit 04
01 **모양 만들기 ①**

Unit 04
02 **모양 만들기 ②**

Unit 04
03 **모양 만들기 ③**

Unit 04
04 **모양 만들기 ④**

모양 만들기 ① | 문제 해결 |

4개의 소마큐브 조각 중에서 빨간색 조각과 노란색 조각을 이용하여 다음과 같은 모양을 만들었습니다. 이 모양을 위에서 본 모양을 그려 보고, 소마큐브 조각의 모양대로 색을 칠해 보세요.

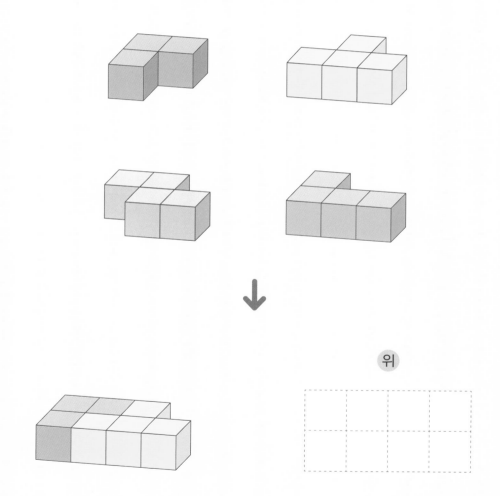

위

왼쪽 4개의 소마큐브 조각 중에서 2개를 이용하여 위에서 본 모양이 다음과 같은 모양을 만들었습니다. 소마큐브 조각의 모양대로 색을 칠해 보세요. (단, 하나의 모양을 만들 때 같은 조각을 여러 번 사용할 수 없습니다.)

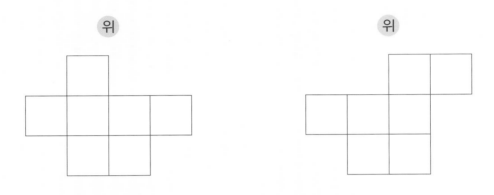

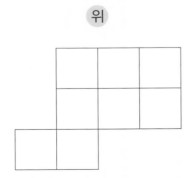

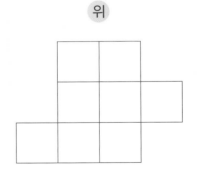

정답 >> 92쪽

02 모양 만들기 ② | 문제 해결 |

4개의 소마큐브 조각 중에서 3개를 이용하여 위에서 본 모양이 다음과 같은 모양을 만들었습니다. 소마큐브 조각의 모양대로 색을 칠해 보세요. (단, 하나의 모양을 만들 때 같은 조각을 여러 번 사용할 수 없습니다.)

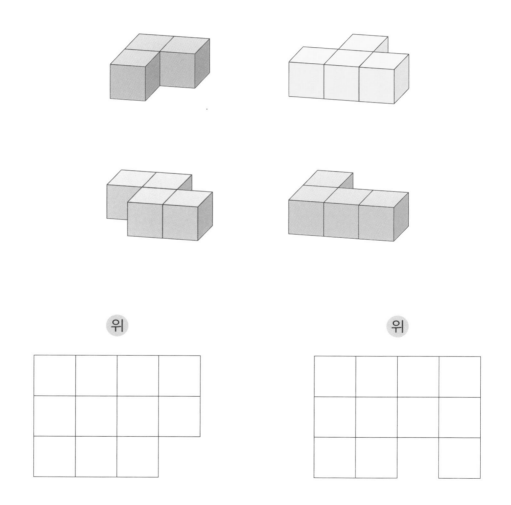

위

위

위

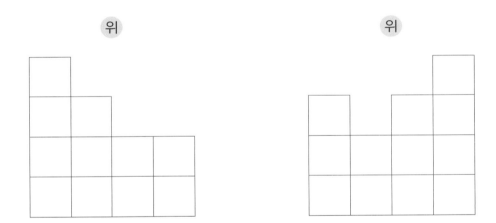

위

위

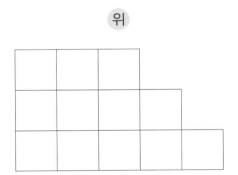

위

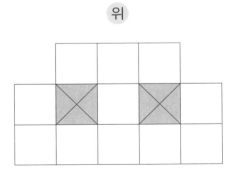

정답 ≫ 92쪽

03 모양 만들기 ③ | 문제 해결 |

4개의 소마큐브 조각을 모두 이용하여 위에서 본 모양이 다음과 같은 모양을 만들었습니다. 소마큐브 조각의 모양대로 색을 칠해 보세요.

(단, 하나의 모양을 만들 때 같은 조각을 여러 번 사용할 수 없습니다.)

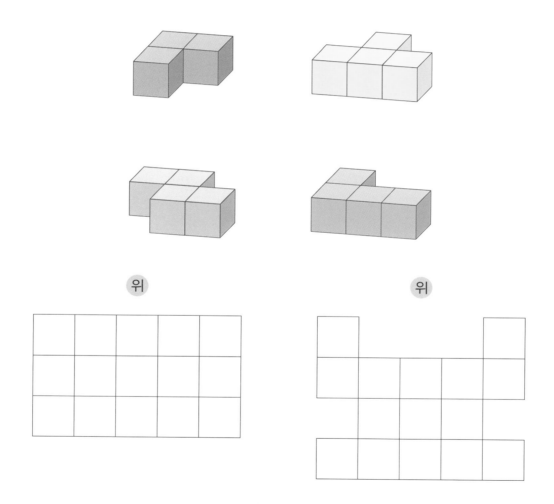

위   위

위

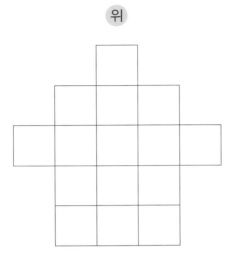

위

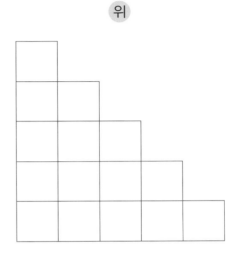

위

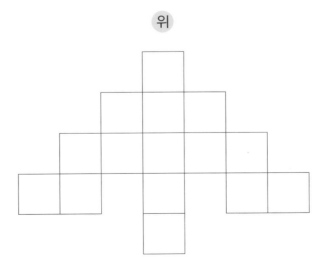

정답 >> 93쪽

Unit
04

04 모양 만들기 ④ | 문제 해결 |

7개의 소마큐브 조각 중에서 2개를 이용하여 위에서 본 모양이 다음과 같은 모양을 만들었습니다. 이때 같은 모양을 각각 다른 조각을 이용하여 만들 때 소마큐브 조각의 모양대로 색을 칠해 보세요.

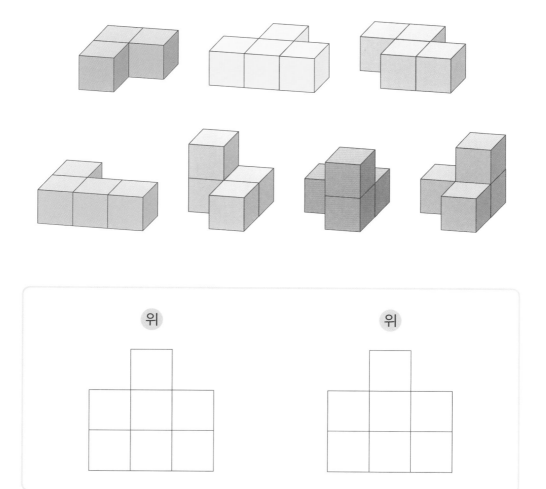

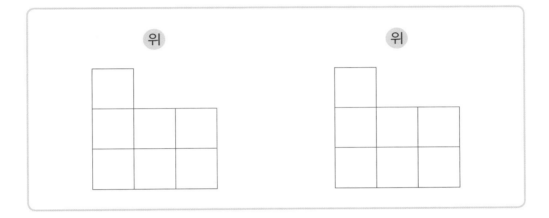

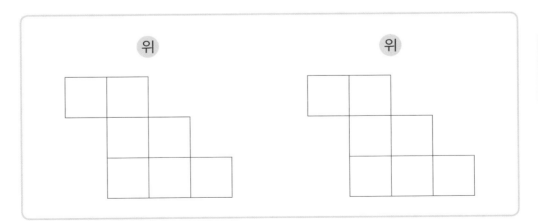

정답 ≫ 93쪽

05

입체 모양 ①

| 문제 해결 |

소마큐브 조각 2개로 **알맞은 모양을 만들어 봐요!**

Unit 05
01 **모양 만들기 ①**

Unit 05
02 **모양 만들기 ②**

Unit 05
03 **모양 만들기 ③**

Unit 05
04 **모양 만들기 ④**

모양 만들기 ① | 문제 해결 |

소마큐브 조각 1개를 일정한 규칙으로 돌려 세워 놓았습니다.

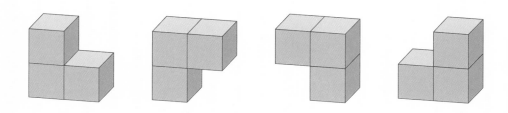

주어진 소마큐브 조각을 위와 같은 규칙으로 돌려 세워 놓으려고 합니다. 빈칸에 들어갈 알맞은 모양을 각각 찾아보세요.

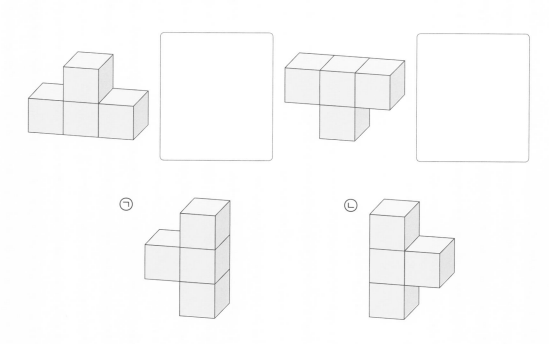

주어진 소마큐브 조각 2개로 다음과 같은 모양을 만들었습니다. 소마 큐브 조각의 모양대로 색을 칠해 보세요.

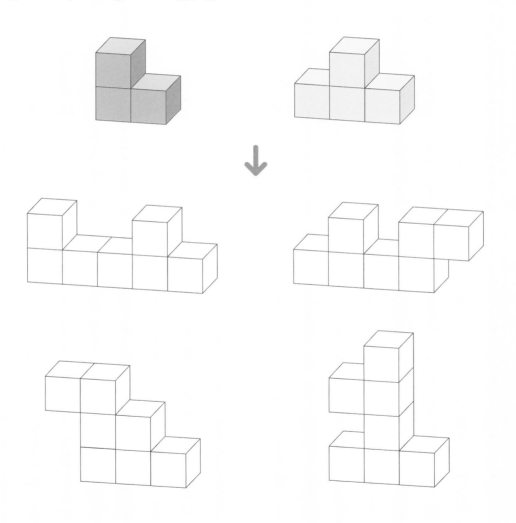

모양 만들기 ② | 문제 해결 |

주어진 소마큐브 조각 2개로 각 모양을 만들었습니다. 소마큐브 조각의
모양대로 색을 칠해 보고, 만들 수 없는 모양을 찾아 ○표 해 보세요.

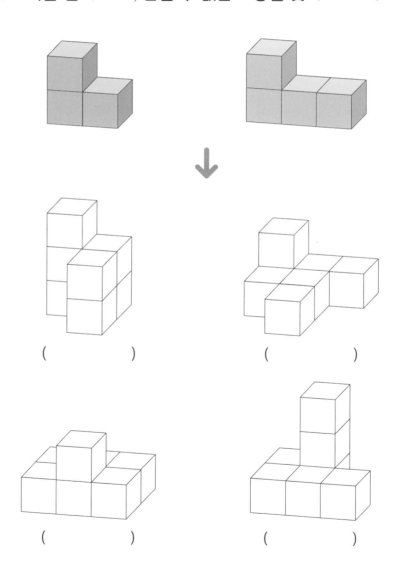

(   ) (   )

(   ) (   )

주어진 소마큐브 조각 2개로 각 모양을 만들었습니다. 소마큐브 조각의
모양대로 색을 칠해 보고, 만들 수 없는 모양을 찾아 ○표 해 보세요.

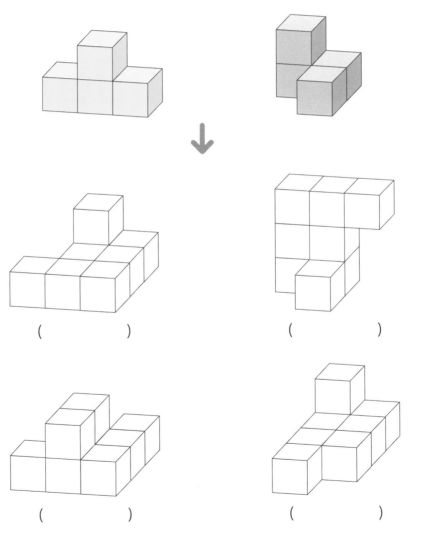

(   )   (   )

(   )   (   )

정답 ≫ 94쪽

모양 만들기 ③ | 문제 해결 |

소마큐브 조각 중에서 빨간색 조각 1개와 다른 색 조각 1개를 이용하여 다음과 같은 모양을 만들었습니다.

빨간색 조각을 각각의 위치에 놓았을 때 나머지 조각의 모양을 바르게 연결해 보세요.

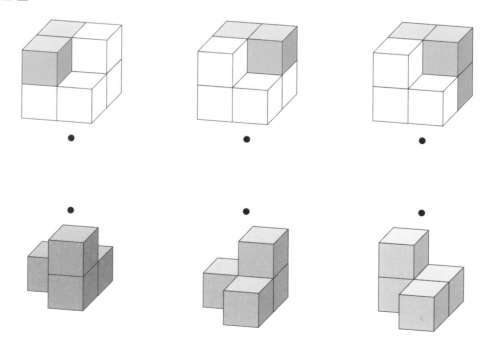

4개의 소마큐브 조각을 2개씩 모두 이용하여 똑같은 모양 2개를 만들었습니다. 만든 모양과 만든 모양을 위에서 본 모양에 소마큐브 조각의 모양대로 색을 칠해 보세요.

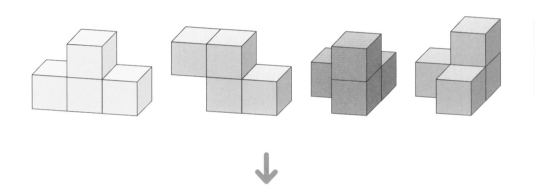

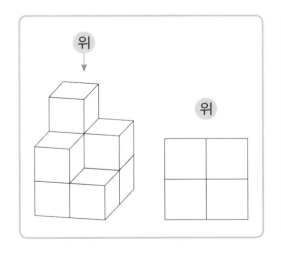

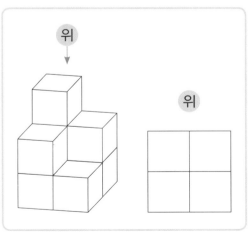

모양 만들기 ④ | 문제 해결 |

7개의 소마큐브 조각 중에서 2개를 이용하여 다음과 같은 모양을 만들었습니다. 이 모양을 위에서 본 모양을 그리고, 만든 모양과 위에서 본 모양에 소마큐브 조각의 모양대로 색을 칠해 보세요.

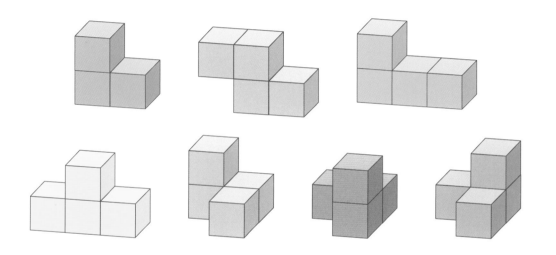

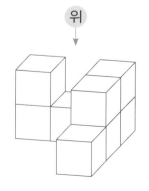

위

위

위

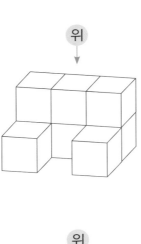

위

위

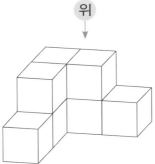

위

위

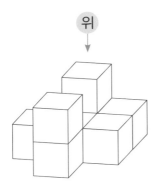

위

정답 ▶ 95쪽

층별로 나타낸 모양

| 도형 |

층별로 나타낸 모양을 알아봐요!

Unit 06
01 **층별로 나타낸 모양 ①**

Unit 06
02 **층별로 나타낸 모양 ②**

Unit 06
03 **층별로 나타낸 모양 ③**

Unit 06
04 **층별로 나타낸 모양 ④**

01 층별로 나타낸 모양 ① | 도형 |

소마큐브 조각 2개로 다음과 같은 모양을 만들었습니다. 만든 모양의 층별로 나타낸 모양을 각각 그려 보고, 소마큐브 조각의 모양대로 색을 칠해 보세요.

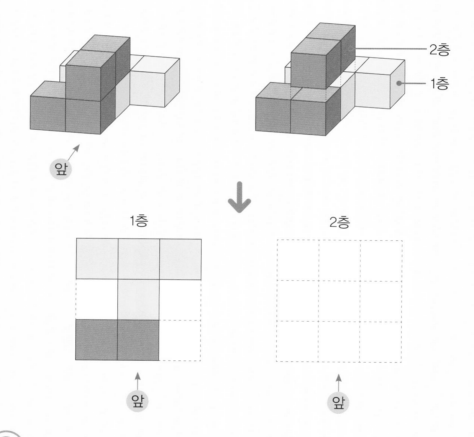

? 위의 소마큐브로 만든 모양과 똑같은 모양을 쌓는 데 필요한 전체 쌓기나무의 개수를 구해 보세요.

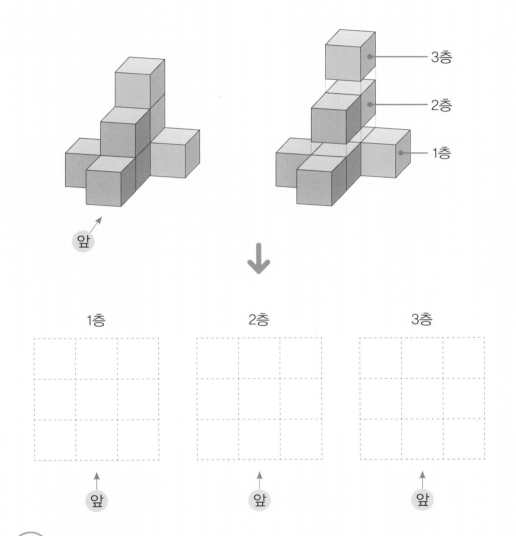

3층

2층

1층

앞

1층 2층 3층

앞 앞 앞

위의 소마큐브로 만든 모양과 똑같은 모양을 쌓는 데 필요한 전체 쌓기나무의 개수를 구해 보세요.

정답 ▶ 96쪽

층별로 나타낸 모양 ② | 도형 |

소마큐브 조각 3개를 이용하여 다음과 같은 모양을 만들었습니다. 만든 모양의 층별로 나타낸 모양을 각각 그려 보고, 소마큐브 조각의 모양대로 색을 칠해 보세요.

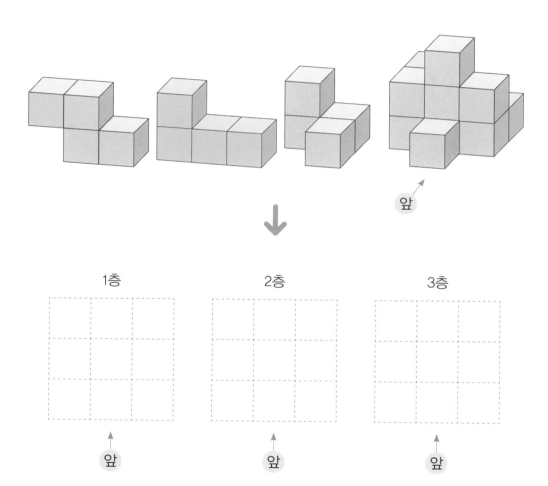

소마큐브 조각 3개를 이용하여 다음과 같은 모양을 만들었습니다. 만든 모양의 층별로 나타낸 모양을 각각 그려 보고, 소마큐브 조각의 모양대로 색을 칠해 보세요.

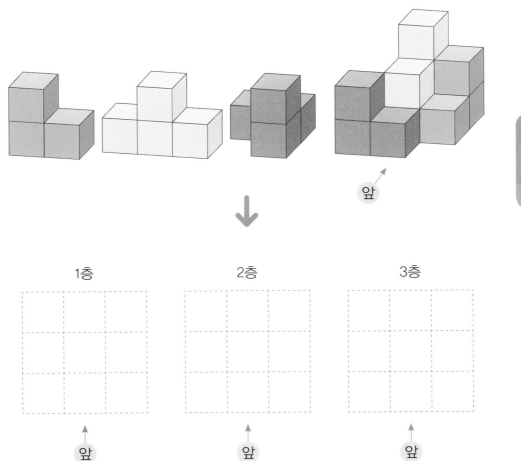

1층

2층

3층

앞

앞

앞

층별로 나타낸 모양 ③ | 도형 |

소마큐브 조각 3개를 이용하여 만든 모양을 층별로 나타내었습니다. 만든 모양을 앞과 옆에서 본 모양을 각각 그려 보고, 소마큐브 조각의 모양대로 색을 칠해 보세요.

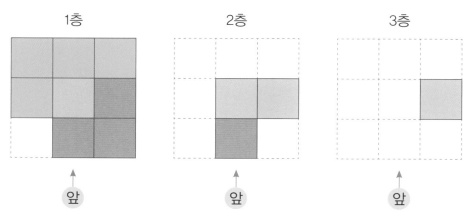

⦿ 1층의 ◯ 부분은 [   ]층까지, △ 부분 은 [   ]층까지 쌓여 있습니다.

⦿ 1층의 모양은 [   ]에서 본 모양과 같습 니다.

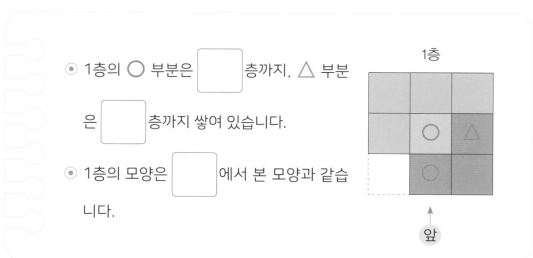

◉ 이 모양을 위에서 본 모양에 각 줄에 있는 쌓기나무의 개수를 써넣
  으면 다음과 같습니다.

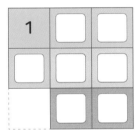

◉ 앞과 옆에서 본 모양은 위에서 본 모양의 각 줄의 가장 (높 , 낮)
  은 층의 모양과 같으므로 다음과 같습니다.

정답 ▶ 97쪽

층별로 나타낸 모양 ④ | 도형 |

소마큐브 조각 3개를 이용하여 만든 모양을 층별로 나타내었습니다.
만든 모양을 위, 앞, 옆에서 본 모양을 각각 그려 보고, 소마큐브 조각
의 모양대로 색을 칠해 보세요.

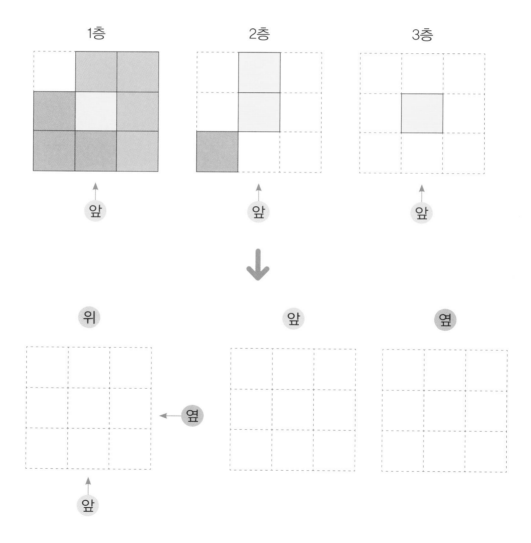

소마큐브 조각 3개를 이용하여 만든 모양을 위, 앞, 옆에서 본 모양을 나타내었습니다. 만든 모양의 층별로 나타낸 모양을 각각 그려 보고, 소마큐브 조각의 모양대로 색을 칠해 보세요.

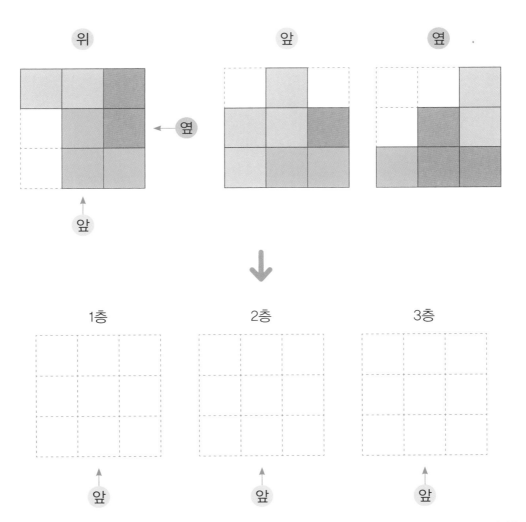

입체 모양 ②

| 문제 해결 |

소마큐브 조각으로 **알맞은 모양**을 만들어 봐요!

Unit 7
01 **모양 만들기 ①**

Unit 7
02 **모양 만들기 ②**

Unit 7
03 **모양 만들기 ③**

Unit 7
04 **모양 만들기 ④**

모양 만들기 ① | 문제 해결 |

소마큐브 조각 3개를 이용하여 다음과 같은 모양을 만들었습니다. 물음에 답하세요.

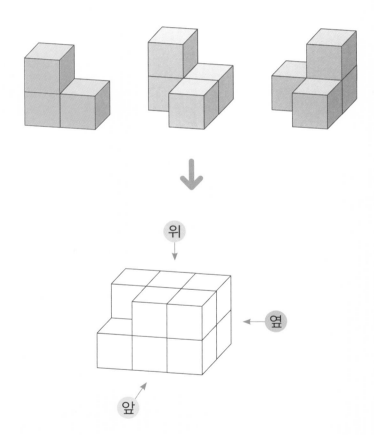

◉ 위의 만든 모양에 소마큐브 조각의 모양대로 색을 칠해 보세요.

◉ 왼쪽의 만든 모양을 위, 앞, 옆에서 본 모양을 각각 그려 보고, 소마큐브 조각의 모양대로 색을 칠해 보세요.

위   앞   옆

◉ 왼쪽의 만든 모양의 층별로 나타낸 모양을 각각 그려 보고, 소마큐브 조각의 모양대로 색을 칠해 보세요.

1층   2층

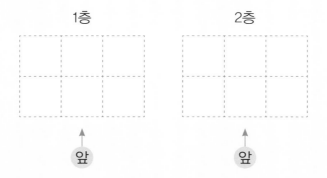

↑ 앞   ↑ 앞

(?) 왼쪽의 만든 모양과 똑같은 모양을 쌓는 데 필요한 전체 쌓기나무의 개수를 구하려고 합니다. 위에서 본 모양에 수를 쓰는 방법으로 필요한 쌓기나무의 개수를 구해 보세요.

정답 ⟫ 98쪽

모양 만들기 ② | 문제 해결 |

4개의 소마큐브 중에서 3개를 이용하여 다음과 같은 모양을 만들었습니다. 만든 모양의 층별로 나타낸 모양을 각각 그려 보고, 만든 모양과 층별로 나타낸 모양에 소마큐브 조각의 모양대로 색을 칠해 보세요.

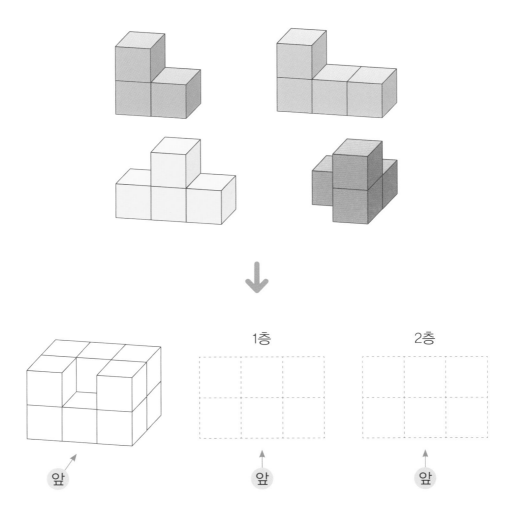

4개의 소마큐브 중에서 3개를 이용하여 다음과 같은 모양을 만들었습니다. 만든 모양의 층별로 나타낸 모양을 각각 그려 보고, 만든 모양과 층별로 나타낸 모양에 소마큐브 조각의 모양대로 색을 칠해 보세요.

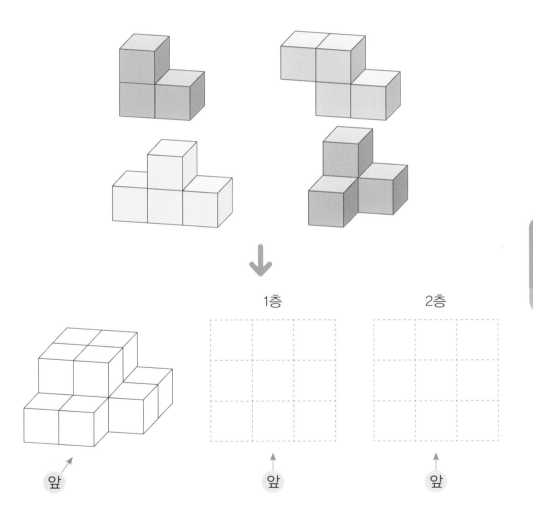

1층

2층

앞

앞

앞

정답 ≫ 98쪽

03 모양 만들기 ③ | 문제 해결 |

7개의 소마큐브 조각 중에서 4개를 이용하여 다음과 같은 모양을 만들었습니다. 만든 모양의 층별로 나타낸 모양을 각각 그려 보고, 만든 모양과 층별로 나타낸 모양에 소마큐브 조각의 모양대로 색을 칠해 보세요.

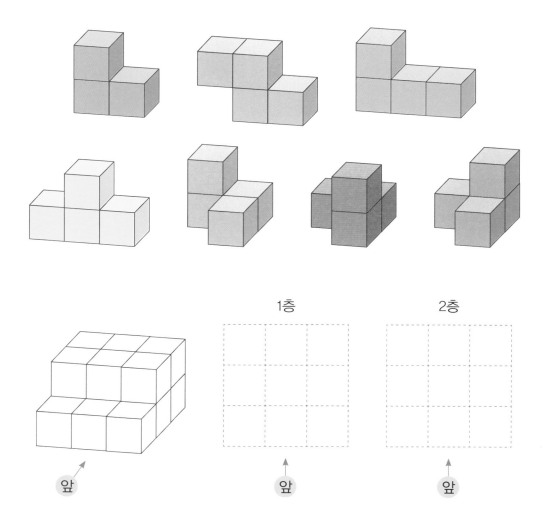

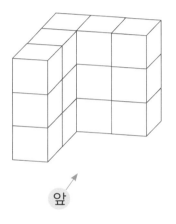

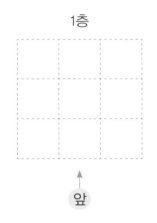

1층

2층

3층

앞

정답 ≫ 99쪽

모양 만들기 ④ | 문제 해결 |

소마큐브 조각 5개를 이용하여 만든 모양을 층별로 나타내었습니다. 만든 모양을 위에서 본 모양을 그려 보고, 만든 모양과 위에서 본 모양에 소마큐브 조각의 모양대로 색을 칠해 보세요.

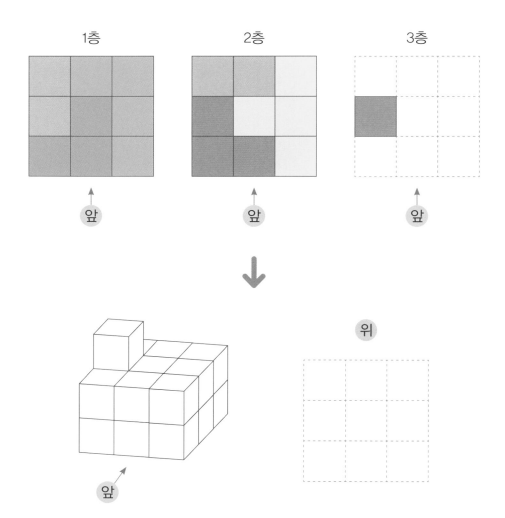

소마큐브 조각 5개를 이용하여 만든 모양을 층별로 나타내었습니다. 만든 모양을 위에서 본 모양을 그려 보고, 만든 모양과 위에서 본 모양에 소마큐브 조각의 모양대로 색을 칠해 보세요.

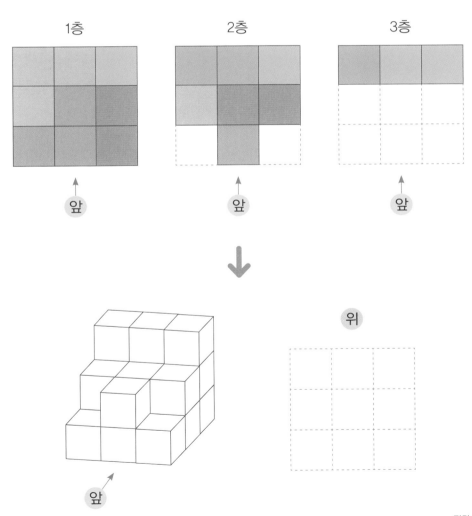

1층

2층

3층

앞

앞

앞

위

앞

정답 ≫ 99쪽

Unit
07

직육면체와 정육면체

| 도형 |

직육면체와 정육면체를 만들어 봐요!

Unit 8
01 **쌓기나무의 모양**

Unit 8
02 **직육면체 만들기**

Unit 8
03 **정육면체 만들기**

Unit 8
04 **층별로 나타낸 모양**

쌍기나무의 모양 | 도형 |

쌓기나무 1개의 모양과 같은 도형에 대해 알아보세요.

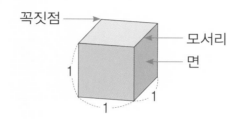

꼭짓점 → 모서리 면

1 1 1

⦿ 쌓기나무 한 면의 모양은 [   ] 입니다.

⦿ 위 도형에서 면의 개수는 모두 [   ] 개입니다.

⦿ 위 도형에서 모서리의 개수는 모두 [   ] 개입니다.

⦿ 위 도형에서 모서리의 길이는 모두 [   ] 습니다.

⦿ 위 도형에서 꼭짓점의 개수는 모두 [   ] 개입니다.

➜ 위와 같은 모양의 도형을 [   ] (이)라고 합니다.

쌓기나무 2개를 붙여서 만든 모양과 같은 도형에 대해 알아보세요.

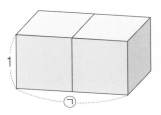

- 위 도형에서 ㉠의 길이는 [ ] 입니다.

- 위 도형에서 가로의 길이가 ㉠이며 세로의 길이가 1인 직사각형

  인 면은 모두 [ ] 개 있습니다.

- 위 도형은 모두 [ ] 개의 직사각형으로 둘러싸여 있습니다.

  → 위와 같은 모양의 도형을 [   ](이)라고 합니다.

Unit
08

? 정육면체를 직육면체라고 할 수 있을까요? 이유와 함께 설명해 보세요.

정답 ≫ 100쪽

직육면체 만들기 | 도형 |

소마큐브 조각에 쌓기나무를 더 쌓아 가장 작은 직육면체를 만들려고 합니다. 필요한 쌓기나무의 개수를 구해 보세요.

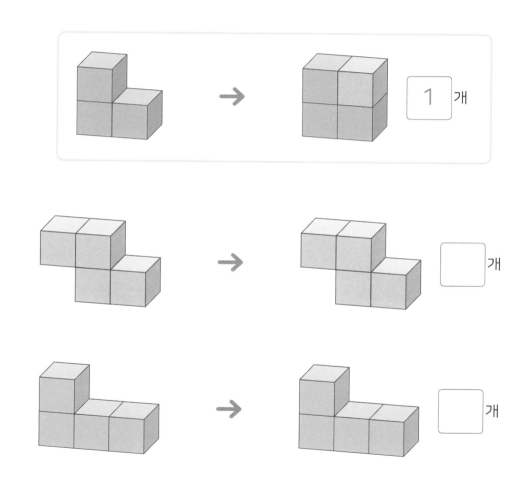

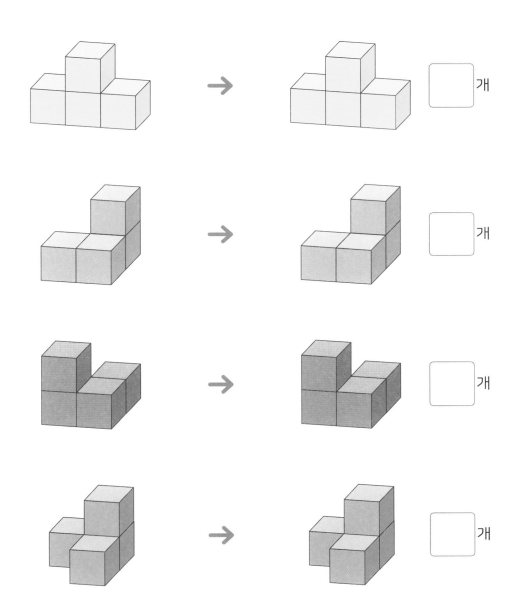

→ ◻ 개

→ ◻ 개

→ ◻ 개

→ ◻ 개

정육면체 만들기 | 도형 |

쌓기나무 3개로 이루어진 소마큐브 조각에 쌓기나무를 더 쌓아 가장 작은 정육면체를 만들려고 합니다. 이때 필요한 쌓기나무의 개수를 구해 보세요.

- 쌓기나무 1개의 모서리의 길이는 ⬜ 입니다.

- 만들 수 있는 가장 작은 정육면체의 한 모서리의 길이는 ⬜ 입니다.

- 가장 작은 정육면체 모양을 만드는 데 필요한 전체 쌓기나무의 개수는 ⬜ × ⬜ × ⬜ = ⬜ (개)입니다.

→ 필요한 쌓기나무의 개수: ⬜ − ⬜ = ⬜ (개)

쌓기나무 4개로 이루어진 소마큐브 조각에 쌓기나무를 더 쌓아 가장 작은 정육면체를 만들려고 합니다. 이때 필요한 쌓기나무의 개수를 구해 보세요.

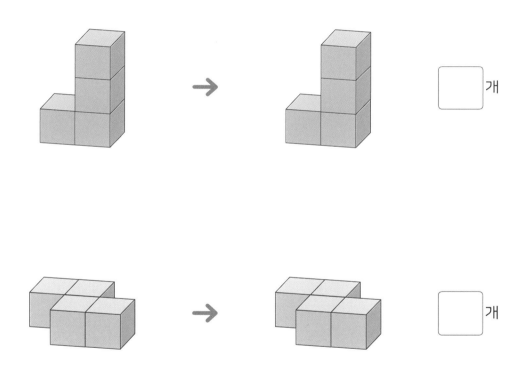

개

개

층별로 나타낸 모양 | 도형 |

7개의 소마큐브 조각 중에서 3개를 이용하여 직육면체 모양을 만들었습니다. 만든 모양과 층별로 나타낸 모양에 소마큐브 조각의 모양대로 색을 칠해 보세요.

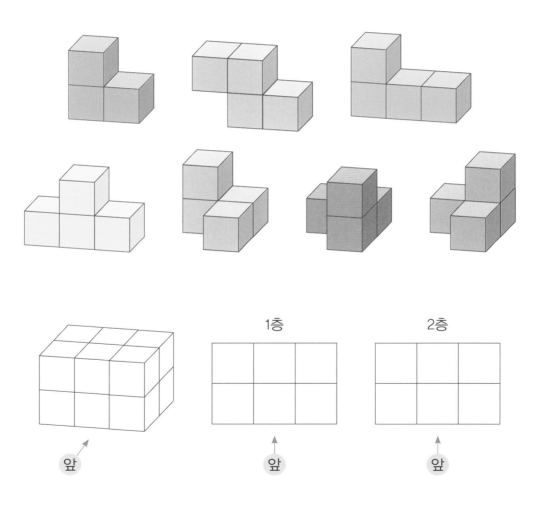

왼쪽 7개의 소마큐브 조각을 모두 이용하여 정육면체 모양을 만들었습니다. 각 층별로 나타낸 모양을 보고 정육면체 모양에 소마큐브 조각의 모양대로 색을 칠해 보세요.

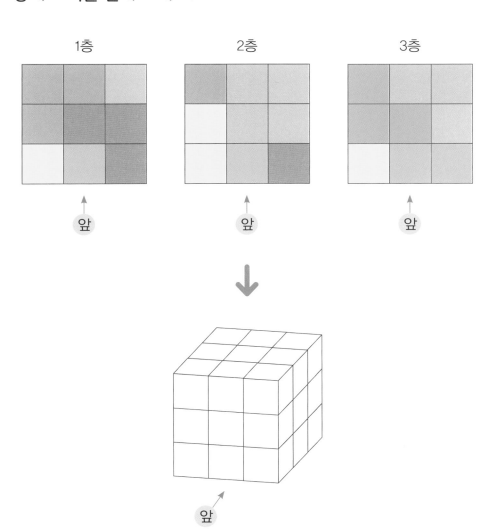

정답

확인해 볼까요?

Unit 01 쌍기나무 쌓기 | 규칙성 |

06
~
07
페이지

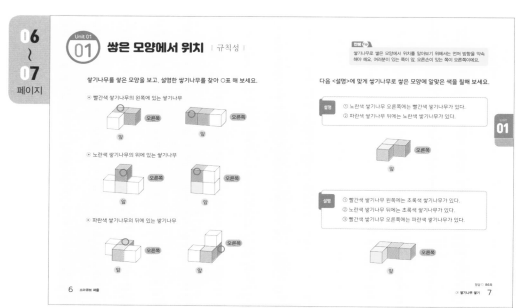

08
~
09
페이지

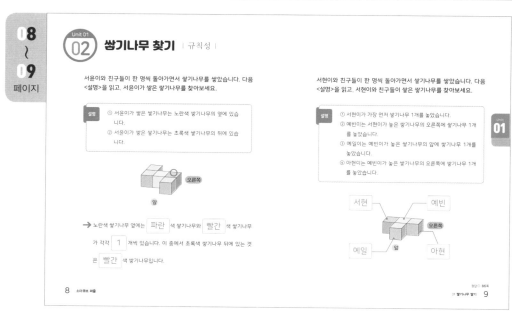

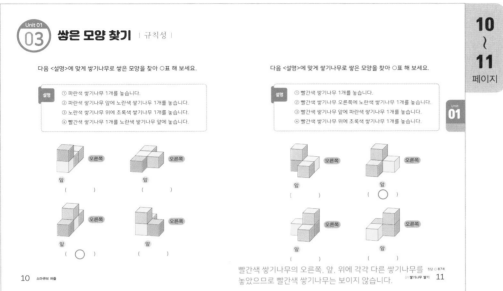

Unit 02

소마큐브 만들기 | 규칙성 |

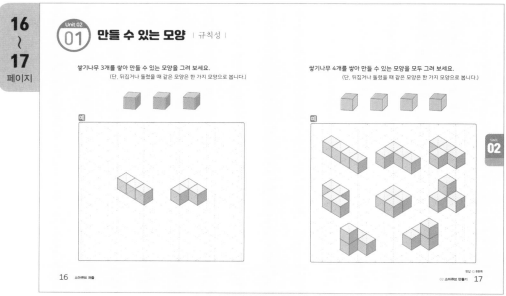

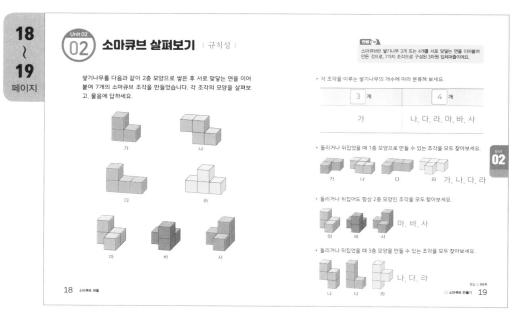

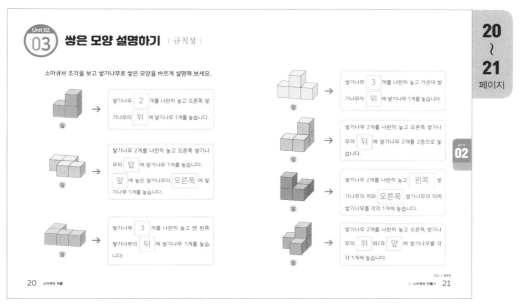

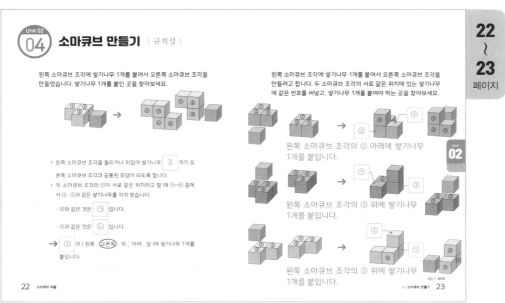

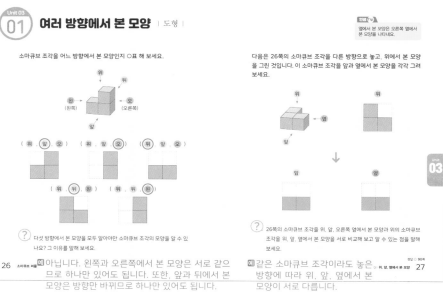

26 ~ 27 페이지

Unit 03 01 여러 방향에서 본 모양 | 도형 |

소마큐브 조각을 어느 방향에서 본 모양인지 ○표 해 보세요.

위
뒤
왼(왼쪽)
오(오른쪽)
앞

(위 . 앞 . 오) (위 . 앞 . 오) (위 . 앞 . 오)

(위 . 뒤 . 왼) (위 . 뒤 . 왼)

? 다섯 방향에서 본 모양을 모두 알아야만 소마큐브 조각의 모양을 알 수 있나요? 그 이유를 말해 보세요.

26 소마큐브 퍼즐 **예** 아닙니다. 왼쪽과 오른쪽에서 본 모양은 서로 같으므로 하나만 있어도 됩니다. 또한, 앞과 뒤에서 본 모양은 방향만 바뀌므로 하나만 있어도 됩니다.

번데 Tip 옆에서 본 모양은 오른쪽 옆에서 본 모양을 나타내요.

다음은 26쪽의 소마큐브 조각을 다른 방향으로 놓고, 위에서 본 모양을 그린 것입니다. 이 소마큐브 조각을 앞과 옆에서 본 모양을 각각 그려 보세요.

위
옆
앞

↓

앞
옆

? 26쪽의 소마큐브 조각을 위, 앞, 오른쪽 옆에서 본 모양과 위의 소마큐브 조각을 위, 앞, 옆에서 본 모양을 서로 비교해 보고 알 수 있는 점을 말해 보세요.

예 같은 소마큐브 조각이라도 놓은 방향에 따라 위, 앞, 옆에서 본 모양이 서로 다릅니다.

정답 ○ 90쪽
○ 위, 앞, 옆에서 본 모양 27

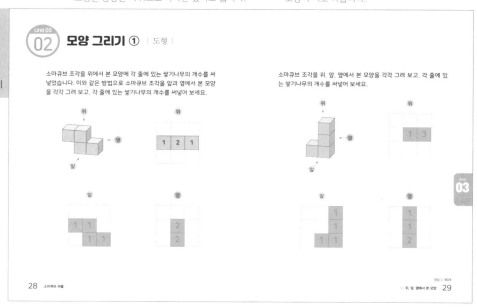

28 ~ 29 페이지

Unit 03 02 모양 그리기 ① | 도형 |

소마큐브 조각을 위에서 본 모양에 각 줄에 있는 쌓기나무의 개수를 써넣었습니다. 이와 같은 방법으로 소마큐브 조각을 앞과 옆에서 본 모양을 각각 그려 보고, 각 줄에 있는 쌓기나무의 개수를 써넣어 보세요.

위
옆
앞

위
| 1 | 2 | 1 |

앞
| 1 | 1 | |
| 1 | 1 | |

옆
| 2 | |
| 2 | |

소마큐브 조각을 위, 앞, 옆에서 본 모양을 각각 그려 보고, 각 줄에 있는 쌓기나무의 개수를 써넣어 보세요.

위
옆
앞

위
| | 1 | 3 |

앞
	1
	1
1	1

옆
	1
	1
	2

28 소마큐브 퍼즐

정답 ○ 90쪽
○ 위, 앞, 옆에서 본 모양 29

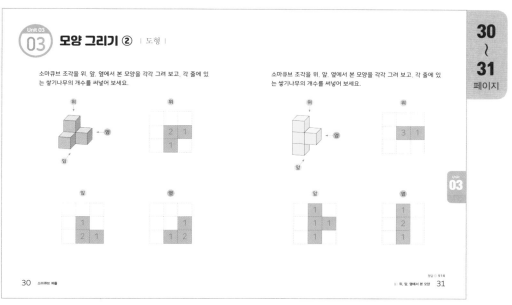

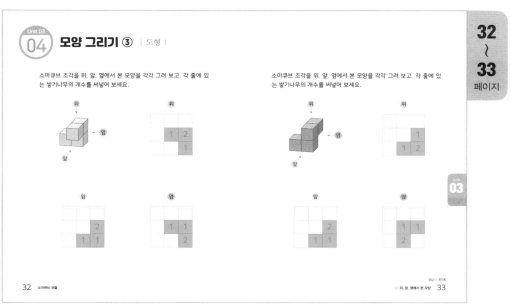

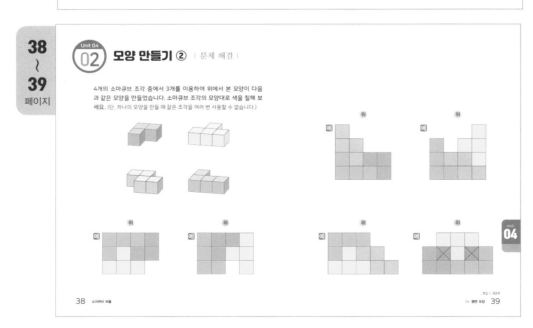

04

Unit

평면 모양 | 문제 해결 |

36 ~ 37 페이지

Unit 04 01 모양 만들기 ① | 문제 해결 |

4개의 소마큐브 조각 중에서 빨간색 조각과 노란색 조각을 이용하여 다음과 같은 모양을 만들었습니다. 이 모양을 위에서 본 모양을 그려 보고, 소마큐브 조각의 모양대로 색을 칠해 보세요.

왼쪽 4개의 소마큐브 조각 중에서 2개를 이용하여 위에서 본 모양이 다음과 같은 모양을 만들었습니다. 소마큐브 조각의 모양대로 색을 칠해 보세요. (단, 하나의 모양을 만들 때 같은 조각을 여러 번 사용할 수 없습니다.)

38 ~ 39 페이지

Unit 04 02 모양 만들기 ② | 문제 해결 |

4개의 소마큐브 조각 중에서 3개를 이용하여 위에서 본 모양이 다음과 같은 모양을 만들었습니다. 소마큐브 조각의 모양대로 색을 칠해 보세요. (단, 하나의 모양을 만들 때 같은 조각을 여러 번 사용할 수 없습니다.)

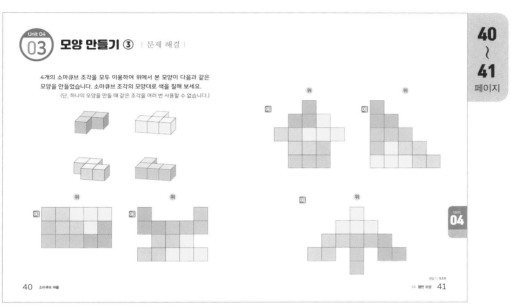

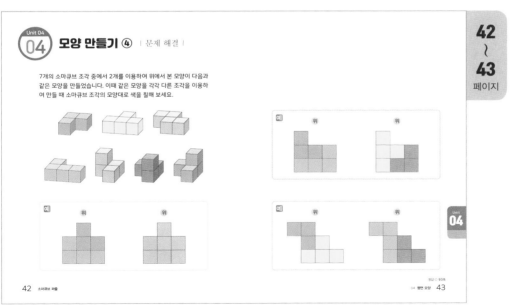

입체 모양 ① | 문제 해결 |

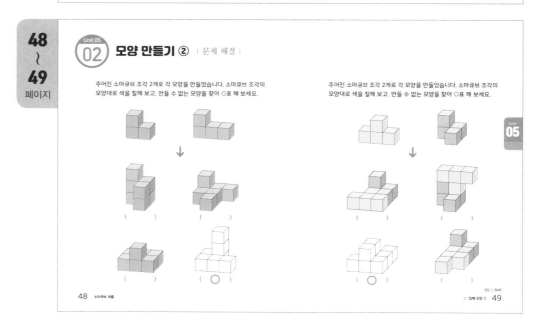

Unit 05
03 모양 만들기 ③ | 문제 해결 |

소마큐브 조각 중에서 빨간색 조각 1개와 다른 색 조각 1개를 이용하여 다음과 같은 모양을 만들었습니다.

빨간색 조각을 각각의 위치에 놓았을 때 나머지 조각의 모양을 바르게 연결해 보세요.

4개의 소마큐브 조각을 2개씩 모두 이용하여 똑같은 모양 2개를 만들었습니다. 만든 모양과 만든 모양을 위에서 본 모양에 소마큐브 조각의 모양대로 색을 칠해 보세요.

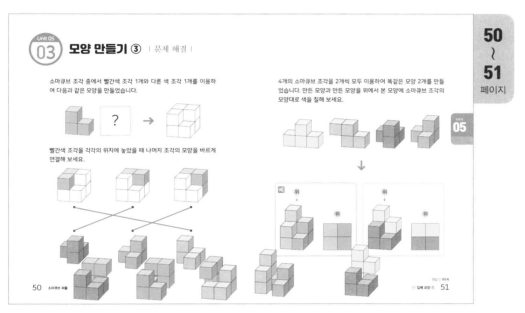

Unit 05
04 모양 만들기 ④ | 문제 해결 |

7개의 소마큐브 조각 중에서 2개를 이용하여 다음과 같은 모양을 만들었습니다. 이 모양을 위에서 본 모양을 그리고, 만든 모양과 위에서 본 모양에 소마큐브 조각의 모양대로 색을 칠해 보세요.

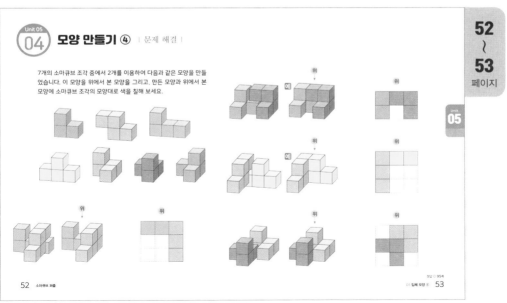

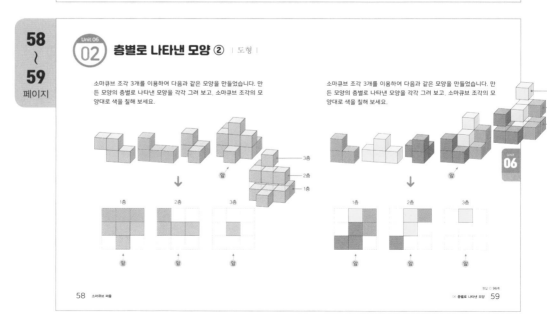

층별로 나타낸 모양 | 도형 |

56 ~ 57 페이지

Unit 06 01 층별로 나타낸 모양 ① | 도형 |

소마큐브 조각 2개로 다음과 같은 모양을 만들었습니다. 만든 모양의 층별로 나타낸 모양을 각각 그려 보고, 소마큐브 조각의 모양대로 색을 칠해 보세요.

2층
1층

↓

1층   2층

앞   앞

앞

? 위의 소마큐브로 만든 모양과 똑같은 모양을 쌓는 데 필요한 전체 쌓기나무의 개수를 구해 보세요.
6 + 2 = 8 (개)

56 소마큐브 퍼즐

3층
2층
1층

↓

1층   2층   3층

앞   앞   앞

앞

? 위의 소마큐브로 만든 모양과 똑같은 모양을 쌓는 데 필요한 전체 쌓기나무의 개수를 구해 보세요.
5 + 2 + 1 = 8 (개)

정답 ○ 96쪽
06. 층별로 나타낸 모양 57

58 ~ 59 페이지

Unit 06 02 층별로 나타낸 모양 ② | 도형 |

소마큐브 조각 3개를 이용하여 다음과 같은 모양을 만들었습니다. 만든 모양의 층별로 나타낸 모양을 각각 그려 보고, 소마큐브 조각의 모양대로 색을 칠해 보세요.

3층
2층
1층

↓

1층   2층   3층

앞   앞   앞

58 소마큐브 퍼즐

소마큐브 조각 3개를 이용하여 다음과 같은 모양을 만들었습니다. 만든 모양의 층별로 나타낸 모양을 각각 그려 보고, 소마큐브 조각의 모양대로 색을 칠해 보세요.

↓

1층   2층   3층

앞   앞   앞

정답 ○ 96쪽
06. 층별로 나타낸 모양 59

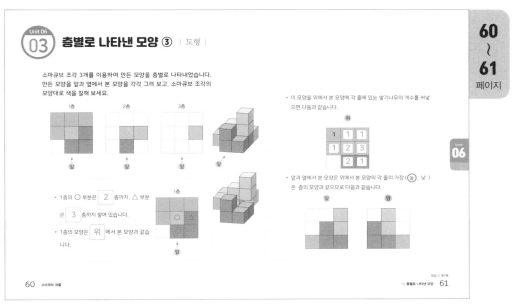

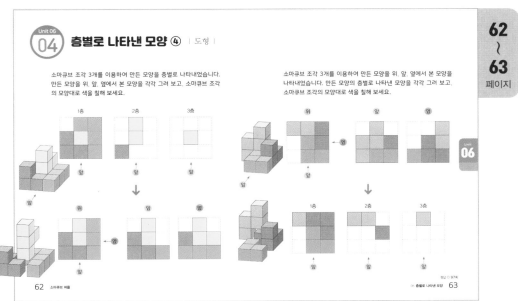

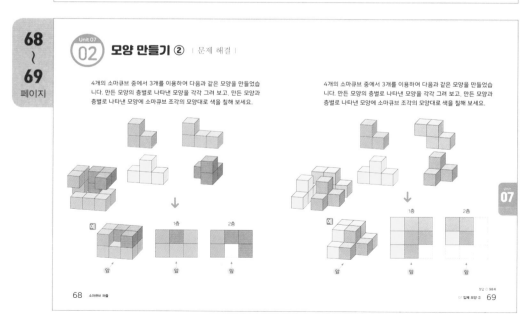

Unit 07

03 모양 만들기 ③ | 문제 해결 |

7개의 소마큐브 조각 중에서 4개를 이용하여 다음과 같은 모양을 만들었습니다. 만든 모양의 층별로 나타낸 모양을 각각 그려 보고, 만든 모양과 층별로 나타낸 모양에 소마큐브 조각의 모양대로 색을 칠해 보세요.

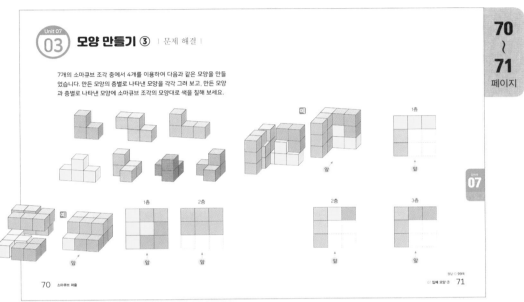

70 소마큐브 퍼즐

정답 ○ 99쪽

[ ] 입체 모양 수 71

Unit 07

04 모양 만들기 ④ | 문제 해결 |

소마큐브 조각 5개를 이용하여 만든 모양을 층별로 나타내었습니다. 만든 모양을 위에서 본 모양을 그려 보고, 만든 모양과 위에서 본 모양에 소마큐브 조각의 모양대로 색을 칠해 보세요.

소마큐브 조각 5개를 이용하여 만든 모양을 층별로 나타내었습니다. 만든 모양을 위에서 본 모양을 그려 보고, 만든 모양과 위에서 본 모양에 소마큐브 조각의 모양대로 색을 칠해 보세요.

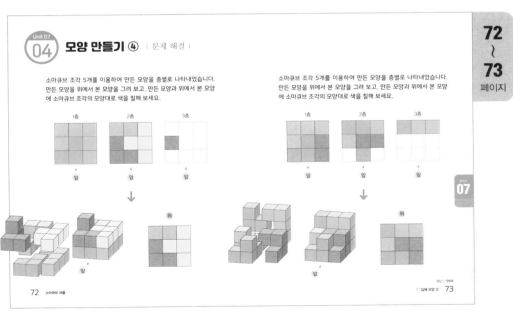

72 소마큐브 퍼즐

정답 ○ 99쪽

[ ] 입체 모양 수 73

---

08 Unit

직육면체와 정육면체 | 도형 |

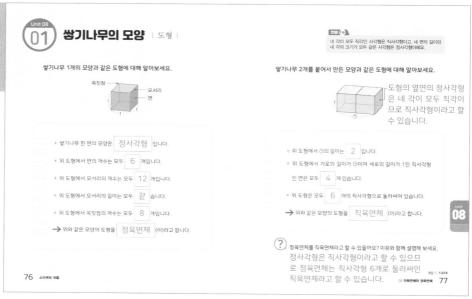

Unit 08
01 쌓기나무의 모양 | 도형 |

쌓기나무 1개의 모양과 같은 도형에 대해 알아보세요.

꼭짓점 / 모서리 / 면

- 쌓기나무 한 면의 모양은 **정사각형** 입니다.
- 위 도형에서 면의 개수는 모두 **6** 개입니다.
- 위 도형에서 모서리의 개수는 모두 **12** 개입니다.
- 위 도형에서 모서리의 길이는 모두 **같** 습니다.
- 위 도형에서 꼭짓점의 개수는 모두 **8** 개입니다.
- → 위와 같은 모양의 도형을 **정육면체** (이)라고 합니다.

개념 Tip! 네 각이 모두 직각인 사각형은 직사각형이고, 네 변의 길이와 네 각의 크기가 모두 같은 사각형은 정사각형이에요.

쌓기나무 2개를 붙여서 만든 모양과 같은 도형에 대해 알아보세요.

도형의 옆면의 정사각형은 네 각이 모두 직각이므로 직사각형이라고 할 수 있습니다.

- 위 도형에서 ⊙의 길이는 **2** 입니다.
- 위 도형에서 가로의 길이가 ⊙이며 세로의 길이가 1인 직사각형인 면은 모두 **4** 개 있습니다.
- 위 도형은 모두 **6** 개의 직사각형으로 둘러싸여 있습니다.
- → 위와 같은 모양의 도형을 **직육면체** (이)라고 합니다.

(?) 정육면체를 직육면체라고 할 수 있을까요? 이유와 함께 설명해 보세요.
정사각형은 직사각형이라고 할 수 있으므로 정육면체는 직사각형 6개로 둘러싸인 직육면체라고 할 수 있습니다.

76   소마큐브 퍼즐

08   직육면체와 정육면체   77

Unit 08
02 직육면체 만들기 | 도형 |

소마큐브 조각에 쌓기나무를 더 쌓아 가장 작은 직육면체를 만들려고 합니다. 필요한 쌓기나무의 개수를 구해 보세요.

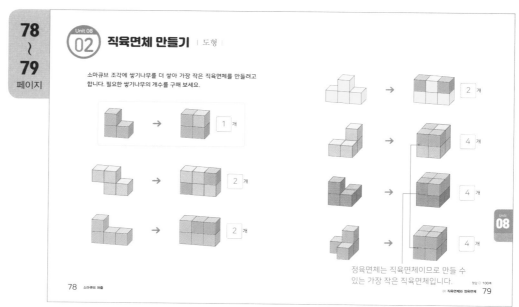

정육면체는 직육면체이므로 만들 수 있는 가장 작은 직육면체입니다.

78   소마큐브 퍼즐

08   직육면체와 정육면체   79

Unit 08
(03) 정육면체 만들기 | 도형 |

쌓기나무 3개로 이루어진 소마큐브 조각에 쌓기나무를 더 쌓아 가장 작은 정육면체를 만들려고 합니다. 이때 필요한 쌓기나무의 개수를 구해 보세요.

쌓기나무 4개로 이루어진 소마큐브 조각에 쌓기나무를 더 쌓아 가장 작은 정육면체를 만들려고 합니다. 이때 필요한 쌓기나무의 개수를 구해 보세요.

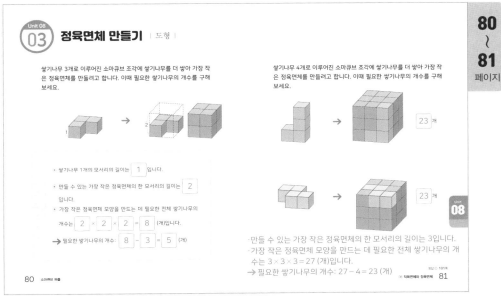

23 개

- 쌓기나무 1개의 모서리의 길이는 1 입니다.
- 만들 수 있는 가장 작은 정육면체의 한 모서리의 길이는 2 입니다.
- 가장 작은 정육면체 모양을 만드는 데 필요한 전체 쌓기나무의 개수는 2 × 2 × 2 = 8 (개)입니다.
  ➡ 필요한 쌓기나무의 개수: 8 − 3 = 5 (개)

23 개

- 만들 수 있는 가장 작은 정육면체의 한 모서리의 길이는 3입니다.
- 가장 작은 정육면체 모양을 만드는 데 필요한 전체 쌓기나무의 개수는 3 × 3 × 3 = 27 (개)입니다.
  ➡ 필요한 쌓기나무의 개수: 27 − 4 = 23 (개)

Unit 08
(04) 층별로 나타낸 모양 | 도형 |

7개의 소마큐브 조각 중에서 3개를 이용하여 직육면체 모양을 만들었습니다. 만든 모양과 층별로 나타낸 모양에 소마큐브 조각의 모양대로 색을 칠해 보세요.

왼쪽 7개의 소마큐브 조각을 모두 이용하여 정육면체 모양을 만들었습니다. 각 층별로 나타낸 모양을 보고 정육면체 모양에 소마큐브 조각의 모양대로 색을 칠해 보세요.

보라색 소마큐브 조각은 정육면체를 만들었을 때 앞에서 보이지 않습니다.

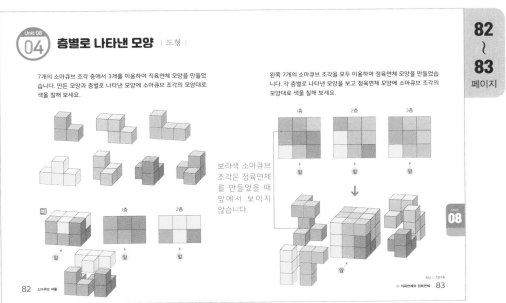

좋은 책을 만드는 길, 독자님과 함께 하겠습니다.

안쌤의 사고력 수학 퍼즐 소마큐브 퍼즐 〈초등〉

초 판 발 행	2023년 08월 10일 (인쇄 2023년 06월 02일)
발 행 인	박영일
책 임 편 집	이해욱
편 저	안쌤 영재교육연구소
편 집 진 행	이미림
표지디자인	조혜령
편집디자인	홍영란
발 행 처	(주)시대교육
공 급 처	(주)시대고시기획
출 판 등 록	제10-1521호
주 소	서울시 마포구 큰우물로 75 [도화동 538 성지 B/D] 9F
전 화	1600-3600
팩 스	02-701-8823
홈 페 이 지	www.sdedu.co.kr

I S B N	979-11-383-5344-1 (63410)
정 가	12,000원

SD에듀가 준비한 특별한 학생을 위한, 최상의 학습 시리즈

1 안쌤의 사고력 수학 퍼즐 시리즈
- 14가지 교구를 활용한 퍼즐 형태의 신개념 학습서
- 집중력, 두뇌 회전력, 수학 사고력 동시 향상

2 안쌤의 STEAM + 창의사고력 수학 100제, 과학 100제 시리즈
- 영재교육원 기출문제
- 창의사고력 실력다지기 100제
- 초등 1~6학년

8 안쌤과 함께하는 영재교육원 면접 특강
- 영재교육원 면접의 이해와 전략
- 각 분야별 면접 문항
- 영재교육 전문가들의 연습문제

7 스스로 평가하고 준비하는 대학부설·교육청 영재교육원 봉투모의고사 시리즈
- 영재교육원 집중 대비 · 실전 모의고사 3회분
- 면접 가이드 수록
- 초등 3~6학년, 중등

※도서의 이미지와 구성은 변경될 수 있습니다.

수학이 쑥쑥! 코딩이 척척!
초등코딩 수학 사고력 시리즈

3
- 초등 SW 교육과정 완벽 반영
- 수학을 기반으로 한 SW 융합 학습서
- 초등 컴퓨팅 사고력 + 수학 사고력 동시 향상
- 초등 1~6학년, 영재교육원 대비

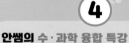

4
안쌤의 수·과학 융합 특강
- 초등 교과와 연계된 24가지 주제 수록
- 수학사고력 + 과학탐구력 + 융합사고력 동시 향상

5
안쌤의 신박한 과학 탐구보고서 시리즈
- 모든 실험 영상 QR 수록
- 한 가지 주제에 대한 다양한 탐구보고서

영재성검사 창의적 문제해결력
모의고사 시리즈

6
- 영재교육원 기출문제
- 영재성검사 모의고사 4회분
- 초등 3~6학년, 중등

SD에듀만의 영재교육원 면접
SOLUTION

영재교육원 AI 면접 온라인 프로그램 무료 체험 쿠폰

도서를 구매한 분들께 드리는
특별한 혜택

쿠 폰 번 호

TGX – 87498 – 16539

유효기간 : ~2024년 6월 30일

01 도서의 쿠폰번호를 확인합니다.

02 WIN시대로[https://www.winsidaero.com]에 접속합니다.

03 홈페이지 오른쪽 상단 영재교육원 **AI 면접** 배너를 클릭합니다.

04 회원가입 후 로그인하여 [쿠폰 등록]을 클릭합니다.

05 쿠폰번호를 정확히 입력합니다.

06 쿠폰 등록을 완료한 후, [주문 내역]에서 이용권을 사용하여 면접을 실시합니다.

※ 무료쿠폰으로 응시한 면접에는 별도의 리포트가 제공되지 않습니다.

영재교육원 AI 면접 온라인 프로그램

01 WIN시대로[https://www.winsidaero.com]에 접속합니다.

02 홈페이지 오른쪽 상단 영재교육원 **AI 면접** 배너를 클릭합니다.

03 회원가입 후 로그인하여 [상품 목록]을 클릭합니다.

04 학습자에게 꼭 맞는 다양한 상품을 확인할 수 있습니다.

KakaoTalk 안쌤 영재교육연구소

안쌤 영재교육연구소에서 준비한 더 많은 면접 대비 상품
(동영상 강의 & 1:1 면접 온라인 컨설팅)을 만나고 싶다면
안쌤 영재교육연구소 카카오톡에 상담해 보세요.